Schriften des Verbandes Deutscher Diplom-Ingenieure XI.

Die akademisch-technischen Berufe

Ratschläge
für Abiturienten und angehende Diplom-Ingenieure aller Fachrichtungen

---

Vortrag
gehalten am 9. Januar 1914 vor den Abiturienten der höheren Schulen Frankfurts a. M. im Festsaale der Musterschule

von

Dipl.-Ing. Carl Weihe
Patentanwalt in Frankfurt a. M.

BERLIN W.
Verlag von M. Krayn
1914

Preis Mk. 0,75

Meine Herren!

Wer von Ihnen einmal in dem schönen München gewesen ist, hat sicherlich auch die Schätze des „Deutschen Museums von Meisterwerken der Naturwissenschaft und Technik“ bewundert. Man kann an den dort ausgestellten Modellen und Originalen bis ins Einzelne hinein den Entwicklungsgang verfolgen, den die Erforschung der Gesetze der Natur und mit ihr parallel die Anwendung derselben auf das tägliche Leben in der Technik gemacht hat. So hat man beispielsweise fast lückenlos den Stammbaum, die Ahnengallerie der Dampfmaschine vor sich, von dem ersten Watt'schen Modell angefangen, das dem altehrwürdigen Original im Kensington-Museum in London getreulich nachgebildet ist, bis zur modernen Dampfturbine, die Sie ja alle aus unserem hiesigen Elektrizitätswerk kennen. Oder man sieht, wie aus dem Heißluftballon der Gebrüder Montgolfier über den wasserstoffgasgefüllten Ballon des Franzosen Charles der siegessichere Zeppelinkreuzer entstanden ist. Daneben wie der erste Flugapparat von Otto Lilienthal, der nur Gleitflüge von einem Hügel aus gestattete und seinem Erfinder viel zu früh für die Entwicklung des Flugwesens das Leben kostete, sich in genau erkennbaren Stufen in den Doppeldecker der Gebrüder Wright verwandelt hat, der der Anfang einer glänzenden Periode des Fliegens war, die Sie alle miterlebt haben und die eine Begeisterung bei Jung und Alt ausgelöst hat, die wohl einzig in ihrer Art dasteht.

Bedeutung der Technik

Aber auch derjenige von Ihnen, der das Deutsche Museum noch nicht kennt, ist im großen und ganzen über die Hauptentwicklungsstufen der Technik unterrichtet und weiß, welchen gewaltigen Einfluß die Technik auf das Kulturleben der Völker ausgeübt hat; ich brauche nur an die Erfindung des Wagens, des Schiffes, der Brücke, der Buchdruckerkunst oder in neuerer Zeit der Dampfmaschine, der Eisenbahn, des Bessemer-Prozesses, des Telephons, des elektrischen Lichtes, der drahtlosen Telegraphie usw. zu erinnern.

Überall ist die Technik, welche die Lebensverhältnisse der Menschen von Grund auf geändert und damit auch das rein geistige Leben in bedeutendem Maße beeinflußt hat. Das merkt heute ein jeder, der offenen Auges in der Großstadt aufwächst; er lernt es aber auch in der Schule, die im Gegensatz zu früher in überaus dankenswerter Weise die jungen Leute auf die Bedeutung der Technik hinweist und namentlich im Anschluß an den physikalischen und chemischen Unterricht Einblick in die Betriebe unserer Industrie verschafft. Auch die Bedeutung, die man dem Anschauungs-, Zeichen- und Handfertigkeitsunterricht immer mehr beimißt, ist ein Zeichen der höheren Wertung der Technik, denn nur über die unmittelbare Anschauung ist ein Verständnis technischer Dinge möglich. Namentlich unsere Realgymnasien und Oberrealschulen leisten auf diesem Gebiete heute schon Hervorragendes und können des Dankes der deutschen Ingenieure sicher sein.

Unterliegt es nun gar keinem Zweifel, daß die Technik einen bedeutenden Faktor in unserem Kulturleben spielt, so hat auch ihr Siegeslauf die Herzen aller an sich gerissen. Es gibt wohl heute in einem Kulturlande nur noch sehr wenige Menschen, die den Fortschritt der Technik, die Unterwerfung der Naturgewalten unter den Willen des Menschen als ein Übel ansehen. Wenn auch der Mensch hier und da im Kampf mit diesen Gewalten zu unterliegen scheint — man denke an die schrecklichen Bergwerks-Katastrophen oder an das beklagenswerte Unglück der beiden Marine-Luftschiffe —, wenn auch vorübergehende Schäden in sozialer Hinsicht mit der Vervollkommnung der Technik verknüpft sind, beispielsweise das Brotloswerden größerer Arbeitermengen durch eine neue, die bisherige Handarbeit ersetzende Maschine, die Wohltaten, welche die Technik der Menschheit zukommen läßt, überwiegen diese Übelstände bei weitem und die Höhe der Kultur eines Volkes wird in Zukunft in wesentlichem Maße von der Höhe, die die Technik bei ihm erreicht, abhängig sein.

Zweck des Vortrages

Da ist es denn kein Wunder, daß man die Werke der Technik anstaunt, daß man die Erfolge berühmter Techniker und Erfinder preist und daß man, angeregt, ja begeistert durch die Erfolge, es diesen Männern nachtun möchte, die sich in ihren Schöpfungen Denkmäler dauernder als Erz gesetzt haben. Auch der rein materielle Erfolg ist ein starker Antrieb. Man liest von Millionen, die in der Industrie umgesetzt werden, von fürstlichen Einkommen aus Erfindungen, und spricht von hohen Gehältern, die tüchtige Ingenieure in kurzer Zeit beziehen können. Dann taucht auch mal wieder eine genial-übertriebene Schilderung technischer Arbeit und technischen Lebens auf, wie vor nicht allzulanger Zeit der Kellermann'sche Roman: „Der Tunnel", und man schwärmt für den Helden derselben als die Verkörperung von unbeugsamem Willen, Lebensenergie und alle Schwierigkeiten überwindender Intelligenz.

Es ist namentlich unsere Jugend, die sich von der Betätigung in der Technik goldene Berge verspricht. Auf ganz natürlichem Wege gelangt sie zu ihr. Der Spieltrieb des Knaben wird zuerst durch den Baukasten befriedigt, der heutzutage in der vollendeten Form des Steinbaukastens mit eisernen Brücken eine technische Welt im kleinen darzustellen ermöglicht, die durch Uhrwerks- und Dampflokomotiven mit vollständigem Wagenpark und Stationsausrüstung belebt wird. Daran schließt sich dann das eigene Basteln, Bauen und Experimentieren, geleitet durch den Handfertigkeitsunterricht, später gefördert durch den Unterricht in Physik und Chemie. Beliebt ist das Bauen elektrischer Apparate, in neuerer Zeit auch von Flugmaschinen. So fühlt sich der, dem langersehnten Ende der Schulzeit sich nähernde junge Mann schon als ein kleiner Techniker und wird darin auch noch unterstützt durch die Angehörigen, die in seinen Basteleien schon die erste Betätigung seiner technischen Veranlagung erblicken und ihm eine glänzende Zukunft prophezeien.

Wie steht es nun in der Wirklichkeit? Sind die Aussichten im technischen Berufe tatsächlich so glänzende, wie sie vielfach hingestellt werden? Welche Voraussetzungen erfordert das Studium und wie gestaltet es sich in den verschiedenen Zweigen der Technik? Diese Fragen Ihnen heute kurz zu beantworten, so weit es die zur Verfügung stehende Zeit gestattet, hat man mir zur Aufgabe gestellt, und ich habe mich ihr um so freudiger unterzogen, als ich bereits im Auftrage des hiesigen Bezirksvereins Deutscher Diplom-Ingenieure seit einigen Jahren Gelegenheit hatte, eine größere Anzahl Abiturienten und deren Eltern zu beraten, die die Herren Direktoren unserem Anerbieten entsprechend, freundlichst an mich gewiesen hatten.

Akademiker und Nichtakademiker

Wenn ich mich hier an die Schüler der oberen Klassen unserer höheren Lehranstalten wende, so setze ich voraus, daß alle diejenigen unter Ihnen, die sich einem akademisch-technischen Berufe widmen wollen, zunächst die Reifeprüfung bestehen. Sie ist ja auch die Voraussetzung für das Studium an der Technischen Hochschule, seitdem diese Hochschulen den Universitäten völlig gleichgestellt sind. Es wird Ihnen wohl bekannt sein, daß auch andere Wege in die Technik führen, so der Besuch einer Baugewerkschule, einer Maschinenbauschule oder eines Technikums, die von ihren Schülern als Vorbildung höchstens die Berechtigung zum einjährig-freiwilligen Militärdienst, in den meisten Fällen aber noch weniger verlangen. Gewiß bilden diese Schulen auch tüchtige Techniker aus, die im Staatsdienst, im Kommunaldienst und in der Privatindustrie Verwendung finden und als mittlere Techniker auch benötigt werden. Jedoch sind ihnen als Nichtakademikern die leitenden Stellen verschlossen, im Staats- und Kommunaldienst auf jeden Fall, in der Privatindustrie mit jedem Jahre sicherer, denn diese fängt schon seit längerer Zeit an, als Nachwuchs für ihre besseren und leitenden Stellen vorwiegend nur Akademiker zu nehmen, genötigt durch die Erfahrung und ausgehend von der Überlegung, daß für diese Stellen die beste Ausbildung gerade gut genug sein muß. Und darüber ist man sich heute in allen Kreisen, die auf Kompetenz für diese Fragen einigermaßen Anspruch machen können, klar, daß die Ausbildung auf der Technischen Hochschule eine bessere ist, eine bessere sein muß, als auf einer mittleren Fachschule, dank der gründlicheren Vorbildung und der höheren Reife der Studierenden, dank den besseren Einrichtungen und weiteren Zielen der Hochschulen, dank auch den hervorragenden Lehrkräften, die an ihnen tätig sind. Dazu kommt aber vor allem noch, daß die Arbeit in der Technik sich vollständig geändert hat. Aus dem technischen Handwerk, das der Empiriker mit hellem Kopf und ohne viel theoretisches Wissen beherrschen konnte, ist eine Wissenschaft geworden, die sich den anderen älteren Wissenschaften vollwertig an die Seite stellt und die man sich nur durch ein gründliches systematisches Studium aneignen kann. Die ersten Dampfmaschinen konnten noch vom Kunstmeister konstruiert und gebaut werden, eine moderne Turbodynamo, eine Eisenbahnbrücke oder einen Kuppelbau, wie ihn unsere herrliche Frankfurter Festhalle zeigt, kann man nur entwerfen, wenn man mit dem ganzen Rüstzeug der technischen Wissenschaft versehen ist. Und nicht nur technisches Wissen wird heute vom Ingenieur verlangt; er muß auch in der Wirtschaftslehre bewandert sein, sowie über ein beträchtliches Maß von Verwaltungs- und Rechtswissen verfügen, denn ein großer technischer Betrieb ist heute ein kleiner Staat, dessen zweckmäßige innere Verwaltung und dessen Schutz gegen Angriffe von außen vielseitig ausgebildete leitende Persönlichkeiten erfordern.

Soviel vom Unterschied zwischen dem technischen Akademiker und Nichtakademiker.

Voraussetzungen des technischen Studiums

Ich werde daher in meinen weiteren Ausführungen nur das Studium an den Technischen Hochschulen behandeln und nur von den akademischen Ingenieur-Berufen sprechen, und zunächst versuchen, klarzulegen, welche Voraussetzungen von den Studierenden zu erfüllen sind. Von der rein äußerlichen Bedingung des Reifezeugnisses eines Gymnasiums, Realgymnasiums oder einer Oberrealschule habe ich schon gesprochen. Aber innere, in der Person des Studierenden liegende Bedingungen müssen auch erfüllt sein. Kann man wohl von jedem Studierenden, gleichgültig welcher Fakultät, verlangen, daß er für seinen späteren Beruf Interesse und auch eine gewisse Veranlagung mitbringt, so gilt dies bei der Eigenart und Schwierigkeit des technischen Studiums in um so höherem Maße.

Zeichnerische Veranlagung

Die Sprache des Technikers ist die Zeichnung. Sie bietet ihm beim Entwurf eines technischen Werkes das Hilfsmittel, die in seinem Geiste entstandene Vorstellung sinnlich darzustellen und diese Vorstellung zu berichtigen, abzuändern und zu ergänzen. An der Zeichnung sieht der Konstrukteur, beispielsweise ob bei der Bewegung der Maschine die verschiedenen Hebel und Kurbeln sich nicht gegenseitig hindern, oder ob die Teile sich auch zusammenstellen lassen usw. Die Zeichnung ist also ein Abbild der wirklichen Ausführung, gleichsam eine Art Abstraktum der Wirklichkeit, ähnlich dem Begriff, aber nicht wie dieser flüchtig, ungenau und allgemein, sondern anschaulich, alle Einzelheiten aufs genaueste wiedergebend und die Wirklichkeit in ihrer Gesamtheit wiederspiegelnd. Die Zeichnung dient aber außerdem auch dazu, dem Ausführenden, dem Werkmeister, Monteur und Arbeiter die Ideen des Konstrukteurs zu übermitteln und ihn anzuweisen, viel besser als dies durch die Sprache möglich wäre, die einzelnen Teile der Maschine herzustellen und zusammenzusetzen. Der angehende Techniker muß also neben einer Veranlagung für anschauliches Denken auch eine gewisse Begabung zum Zeichnen mitbringen. Es genügt für ihn nicht, daß er mit Reißschiene und Zirkel umgehen kann, was schließlich ein Jeder bis zu einem gewissen Grade lernt, sondern er muß auch Freihandskizzen, perspektivische Darstellungen usw. anfertigen können und Sinn für die Schönheits-Form besitzen. Denn es wird in der Technik immer mehr Wert darauf gelegt, die Schönheitsform neben der Zweckform zu ihrem Recht kommen zu lassen, soweit nicht, wie in sehr vielen Fällen, beide identisch sind. Für den Bauingenieur, der Hallen und Brücken zu entwerfen hat, und noch mehr für den Architekten ist eine künstlerische Veranlagung geradezu Grundbedingung für ein erfolgreiches Studium. Dem Zeichenunterricht wird ja heute schon auf der Schule ein reges Interesse entgegengebracht; unsere Oberrealschulen und Realgymnasien insbesondere leisten, wie die alljährlichen Zeichenausstellungen zeigen, in diesem Fache Bedeutendes, dank den Bemühungen ihrer hervorragenden Lehrkräfte. Wir Älteren, deren Schulzeit schon über 20 Jahre zurückliegt, und denen diese Schulzeit nur begleitet von sehr gemischten Gefühlen in der Erinnerung auftaucht, blicken auch hierin mit einem gewissen Neid auf die jüngere Generation, der nur durch die Tatsache, daß an unseren Kindern wieder gut gemacht wird, was an uns selbst versäumt wurde, seine Schärfe verliert.

Mathematische Veranlagung

Ein weiteres unbedingtes Erfordernis für den angehenden Ingenieur ist eine Begabung für die Mathematik. Ohne höhere Mathematik kann man heute in der Technik nicht mehr durchkommen, will man allen Aufgaben gewachsen sein und mit tieferem Verständnis in die technischen Probleme eindringen. Differential- und Integralrechnung sowie die Methoden der höheren Analysis finden immer mehr praktische Anwendung; die Zeit der empirischen Formeln, Verhältniszahlen und Faustregeln ist in vielen Zweigen der Technik schon zu Ende und geht bei anderen ihrem Ende entgegen; damit stirbt auch der Autodidakt der Technik ohne Nachwuchs aus. Parallel mit der Mathematik gehen die Naturwissenschaften, in erster Linie Physik und Chemie, die ja für den Mathematisch-Veranlagten stets von Interesse sind; für den Tiefbauer kommt auch noch die Geologie in Frage. Namentlich eine gewisse Geschicklichkeit im Experimentieren ist von Wichtigkeit, denn wie unsere Hochschulen, so führt auch die Industrie in steigendem Maße Laboratorien und Versuchsstände ein, in welchen Neuerungen nach wissenschaftlichen Methoden ausgearbeitet und Materialien sowie ganze fertige Einrichtungen auf ihren Gütegrad untersucht werden. Die Schulen geben heute auch schon in ihren physikalischen und chemischen Laboratorien eine kleine Grundlage hierfür, auf welcher die Hochschule später aufbauen kann.

Naturwissenschaftliche Veranlagung

Praktischer Sinn

Neben dieser zeichnerisch - mathematisch - naturwissenschaftlichen Begabung muß man aber auch einen praktischen Sinn vom angehenden Ingenieur fordern. Der Ingenieur ist kein Stubengelehrter, der sich mit seinen Büchern, Erfindungen und Konstruktionen in die Studierstube einschließen kann. Seine Werke stehen im Konkurrenzkampf des täglichen Lebens, wo einer dem andern den Auftrag streitig macht und der Kampf ums Dasein täglich mit scharfen Waffen ausgefochten werden muß. Daraus folgt, daß der Ingenieur bei aller Gelehrsamkeit auch ein tüchtiger Geschäftsmann sein muß, der allezeit auf die Weiterentwicklung des Unternehmens, bei dem er beschäftigt ist, bedacht ist. Er muß gewisse kaufmännische Fähigkeiten besitzen, die modernen Sprachen beherrschen und im Umgang angenehm, geschickt und anpassungsfähig sein; dies um so mehr, je höher seine Stellung und je bedeutender das Unternehmen ist, dem er dient. Kurzum er muß ein moderner Mensch im besten Sinne, eine ganze Persönlichkeit sein, die sich nicht auf das Fachwissen allein beschränkt, sich nicht hinter dem Reißbrett verschanzt. Max Maria v. Weber, der Sohn des Komponisten, hat in seinen unter dem Titel „Aus der Welt der Arbeit" erschienenen Schriften (Berlin 1907, G. Grote) dies einmal bei der Behandlung des Bildungsproblems des jungen Technikers so ausgedrückt: „Erziehet ganze Menschen, die an allgemeiner Bildung und Lebensform auf der Höhe des Völkerlebens und der zivilisierten Gesellschaft stehen, und macht aus diesen dann Techniker, — das ist das ganze Geheimnis und die alleinige Lösung des Problems."

Abteilungen der Hochschulen

Nach Feststellung dieser Voraussetzungen für das Studium kommen wir jetzt zu dem eigentlichen Studiengang selbst. Es gibt 11 Technische Hochschulen, und zwar in Aachen, Berlin, Braunschweig, Breslau, Danzig, Darmstadt, Dresden, Hannover, Karlsruhe, München, Stuttgart. Wie die Universität von altersher in vier Fakultäten unterteilt ist, so zerfällt auch die Technische Hochschule in einzelne Fakultäten, Abteilungen genannt, die den verschiedenen technischen Hauptberufen entsprechen. Es sind dies:

Die Abteilung für Architektur,
„ „ „ Bauingenieurwesen,
„ „ „ Maschineningenieurwesen,
„ „ „ Elektrotechnik,
„ „ „ Schiffsbau und Schiffsmaschinenbau,
„ „ „ Chemie und Hüttenkunde,
„ „ „ allgemeine Wissenschaften.

An manchen Hochschulen fehlt die Abteilung für Schiffsbau und Schiffsmaschinenbau, an anderen finden sich noch besondere Abteilungen für Pharmazie, Vermessungskunst und Forstwesen, die uns hier als nicht eigentlich t e c h n i s c h e Fächer weiter nicht interessieren. In Aachen ist auch eine Abteilung für Bergbau, während sonst dieses Fach an den Bergakademien in Berlin, Freiberg und Clausthal zu studieren ist. Die Bergakademie Berlin wird demnächst mit der Technischen Hochschule Berlin vereinigt werden.

Architektur

Die Tätigkeit des A r c h i t e k t e n ist ja bekannt. Erwähnt sei nur, daß in der Neuzeit der Städtebau und damit zusammenhängend der Heimatschutz eine dankbare Aufgabe für den akademisch gebildeten Architekten darstellen, mit der er sich eingehend zu befassen hat.

Bauingenieurwesen

Der Bauingenieur baut einerseits Hallen und Brücken aus Stein, Eisen, Eisenbeton und Holz, andererseits als Tiefbauer Straßen, Rohrnetze für Bewässerung und Entwässerung, Kanäle, Talsperren, Häfen und Schleusen, sowie Eisenbahnoberbau.

Maschinenbau

Die umfassendsten Gebiete sind der Maschinenbau und die Elektrotechnik. In erster Linie kommen hier die Kraftmaschinen in Betracht, als Dampfmaschinen, Lokomotiven und Dampfturbinen nebst Kessel, dann Wasserturbinen, Gas- und Ölmotoren, Automobile. Dann Hebezeuge, wie Winden, Krane, Förderanlagen, Pumpen, Gebläse usw. Schließlich die große Klasse der Arbeitsmaschinen, also Werkzeugmaschinen für Metall- und Holzbearbeitung, Spinn-, Wirk- und Webstühle, Nähmaschinen, Schreibmaschinen, Spezialmaschinen für die Papierfabrikation, für die Lederbearbeitung, für die Druckereigewerbe, landwirtschaftliche Maschinen, Mühlen usw. usw. Eine unübersehbare Reihe, die natürlich nicht alle auf der Hochschule im einzelnen behandelt werden können und auch nicht behandelt zu werden brauchen, denn es genügt, die Haupt-Maschinentypen gründlich zu studieren, um den Ingenieur zu befähigen, sich in jedes Spezialgebiet leicht und schnell einzuarbeiten.

Elektrotechnik

Dem Elektroingenieur liegt der Bau von Dynamos, Motoren, Kabel, Transformatoren nebst Zubehör, wie Schalter, Sicherungen, Glüh- und Bogenlampen usw. ob; dann die Ausrüstung der elektrischen Straßenbahnen und die Elektrisierung der Vollbahnen, wobei namentlich der hochgespannte Drehstrom immer mehr Anwendung findet. In der Elektrotechnik spielen in den letzten Jahren die sogenannten Überlandzentralen eine bedeutende Rolle, das sind große Elektrizitätswerke, die einen weit ausgedehnten Komplex von Dörfern und Städten mit Kraft- und Lichtstrom versorgen. Auch die Schwachstromtechnik, welche in erster Linie die Telegraphie und Telephonie mit und ohne Draht, dann aber auch elektro-medizinische Apparate (Röntgen), Meßinstrumente etc. umfaßt, ist ein großes Arbeitsgebiet.

Für den Maschinenbauer und Elektriker ist neben einer guten theoretischen Ausbildung eine erhebliche praktische Veranlagung von besonderer Bedeutung, da hier auch das eigentliche Gebiet für erfinderische Tätigkeit liegt und täglich Neuerungen auftauchen, denen gegenüber man konkurrenzfähig bleiben muß.

Schiffsbau und Schiffsmaschinenbau

Schiffsbau und Schiffsmaschinenbau haben große Beziehungen zu einander; der letztere umfaßt außer den Schiffsdampfmaschinen bezw. Turbinen und Kesseln, in neuerer Zeit auch

Ölmotoren, namentlich Dieselmotoren, auch alle an Bord erforderlichen Hilfsmaschinen, wie Rudermaschinen, Ankerwinden, Pumpen, Druckwassereinrichtungen, elektrische Maschinen, Aufzüge, Krane usw. Es wird jedoch dem, der Schiffsmaschinenbauer werden will, empfohlen, sich nicht schon auf der Hochschule zu spezialisieren, sondern allgemeinen Maschinenbau zu studieren; auch ist es für sein Fortkommen von Vorteil, wenn er mindestens ein Jahr zur See gefahren ist.

Chemie

Ein vielseitiges Gebiet ist auch die Chemie. Die Technische Hochschule hat die Aufgabe, außer den rein wissenschaftlich untersuchend und forschend arbeitenden Chemiker auch den Betriebschemiker auszubilden, der nicht im Laboratorium arbeitet, sondern im Betriebe der chemischen Fabriken tätig ist und hier die im Laboratorium erzielten Resultate ins Große und Wirtschaftliche umsetzt. Da die chemische Industrie viele komplizierten Maschinen und Apparate benutzt, so muß dieser Chemiker auch genügend Ingenieurkenntnisse über Konstruktion, Montage und Betrieb solcher Maschinen haben. Wer rein forschender Chemiker werden will, kann auch auf der Universität Chemie studieren. Wer aber später in der chemischen Großindustrie eine leitende Stellung einnehmen will, der wähle lieber den Weg über die Technische Hochschule. Praktische Veranlagung ist aber für ihn, wie für den auf Eisen-, Blei-, Zink- und anderen Hütten tätigen Hüttenmann sowie für den Bergmann unbedingt notwendig.

Allgemeine Wissenschaften

Die Abteilung für allgemeine Wissenschaften dient nicht zur Ausbildung für einen bestimmten Beruf, sondern ihr sind die Lehrstühle für Mathematik, Naturwissenschaften, Volkswirtschaft und Rechtswissenschaft zugeteilt; jeder Studierende muß hier zuerst die Grundlagen für sein eigentliches Spezialstudium hören. In dieser Abteilung können auch Kandidaten des höheren Lehramts für Mathematik, Physik und Chemie einen Teil ihres Studiums absolvieren, was wegen der günstigen Gelegenheit, auch gleichzeitig technische Vorlesungen hören zu können, diesen Herren sehr zu empfehlen ist.

Praktisches Jahr

Dem eigentlichen Studium der technischen Wissenschaften hat eine praktische Arbeitszeit*) voranzugehen. Für die Studierenden des Maschinenbaus, der Elektrotechnik, des Schiffsbaus und des Schiffsmaschinenbaus ist eine einjährige Praktikantenzeit vor dem Diplom-Examen vorgeschrieben, während vom Architekten und

*) vgl. Dipl.-Ing. F. zur Nedden: Das praktische Jahr des Maschinen-Volontärs. (Berlin, Julius Springer.)

vom Bauingenieur nur wenige Wochen (meistens 8) praktischer Arbeit, vom Chemiker ein Praktikum überhaupt nicht verlangt wird. Empfehlenswert ist jedoch auch für diese Fächer eine längere, mindestens halbjährige praktische Arbeitszeit. Der Zweck der praktischen Ausbildung ist ein mehrfacher. Zunächst soll eine anschauliche Grundlage für das Verständnis der technischen Vorträge und Übungen geschaffen werden, auf der die Hochschule später aufbauen kann. Der Praktikant soll durch die praktische Arbeit in einer Fabrik die Eigenschaften und Verarbeitungsarten der Materialien kennen lernen, also in erster Linie das Formen, Gießen, Schmieden, Feilen, Fräsen, Bohren, Drehen usw. des Eisens und der anderen Metalle, dann aber auch die Bearbeitung des Holzes. Dabei ist es von großer Wichtigkeit, auf die Unterschiede der verschiedenen Herstellungsmethoden zu achten und den Zusammenbau, beispielsweise einer Maschine aus ihren einzelnen Teilen, zu verfolgen unter steter Anlehnung an die Zeichnung. Auch bei der Montage und Inbetriebsetzung ganzer Maschinenanlagen soll der Praktikant tätig sein, um auch den letzten Verwendungszweck kennen zu lernen. Es ist natürlich nicht möglich und auch nicht erforderlich, daß der Praktikant sich in der kurzen Zeit eine weitgehende handwerksmäßige Fertigkeit aneignet; es genügt, wenn er praktisch den Arbeitsgang kennen lernt und sich ein Urteil über die Zweckmäßigkeit dieses Arbeitsganges in technischer und in wirtschaftlicher Hinsicht sowie über die Güte der vollendeten Arbeit zu bilden vermag. Sehr wichtig ist auch, daß der Praktikant gewöhnt wird, mit anzufassen und sich vor keiner Arbeit zu scheuen. Selbst bei den einfachsten Verrichtungen, z. B. beim Transport eines Arbeitsstückes, läßt sich für den denkenden und beobachtenden Menschen stets etwas lernen, wie Taylor in seinen Schriften über „Wissenschaftliche Betriebsführung" (scientific management) gezeigt hat. Weiter soll der zukünftige Ingenieur während seiner praktischen Arbeit sich einen Einblick in die Organisation eines technischen Betriebes verschaffen. Er soll sehen, wie die Arbeit verteilt wird und soll die verschiedenen Lohnsysteme, — Stundenlohn, Stücklohn usw. — kennen lernen; auch soll er beobachten, welchen Einfluß das Lohnsystem auf die Leistung des Arbeiters hat und welche Maximalleistungen überhaupt von den verschiedenen Arbeiterkategorien, wie Lehrlingen, Vorarbeitern, Monteuren, Tagelöhnern usw. verlangt werden können.

Verkehr mit dem Arbeiter

Die praktische Arbeitszeit soll aber dem jungen Manne auch Einblick in die Anschauungswelt des Arbeiters geben. Dies ist von außerordentlicher Wichtigkeit, soll doch der spätere

Ingenieur Verständnis für die ihm untergeordnete Arbeiterschaft haben, ihre Ansichten und Forderungen verstehen, ihre soziale Lage beurteilen können. Dazu ist es nötig, daß sich der junge Mann nicht hochmütig von den Arbeitern absondert, sondern daß er als Lernender unter sie tritt, sie befragt, ihnen behilflich ist auch bei untergeordneten Arbeiten und in kameradschaftlich-höflichem Ton mit ihnen verkehrt. Es wird sich dann sicher auch oft Gelegenheit, sei es während der Arbeit, sei es in den Pausen oder auf dem Heimwege, zu Gesprächen geben, welche ihm die ganze Denkweise des Arbeiters, seine Not und seine Hoffnungen offenbaren, und der Volontär kann sich meiner Ansicht nach selbst in politische Diskussionen einlassen, wenn er nur die Vorsicht gebraucht, dabei mit seinen etwa schon vorhandenen politischen Ansichten zurückzuhalten und das Gehörte mit der nötigen Kritik aufzunehmen. Der akademisch gebildete Ingenieur soll bei dem außerordentlich scharfen Gegensatz, der heute zwischen Unternehmer und Arbeiter herrscht, und der sich immer mehr auch auf die mittleren technischen Angestellten (Werkmeister, Techniker) erstreckt, eine vermittelnde Rolle spielen und die Gegensätze auszugleichen suchen, eingedenk der Worte, die Kaiser Wilhelm II. gelegentlich der Verleihung des Promotionsrechtes an die Technischen Hochschulen im Jahre 1899 ausgesprochen hat: „Ich wollte", sagte Kaiser Wilhelm, „die Technischen Hochschulen in den Vordergrund bringen, denn sie haben große Aufgaben zu lösen, nicht bloß technische, sondern auch große soziale. Die sind bisher nicht so gelöst, wie ich wollte. Sie können auf die sozialen Verhältnisse vielfach großen Einfluß ausüben, da Ihre vielseitigen Beziehungen zur Arbeit und zu Arbeitern und zur Industrie überhaupt eine Fülle von Anregung und Einwirkung ermöglichen. Sie sind deshalb in der kommenden Zeit auch zu großen Aufgaben berufen. Die bisherigen Richtungen haben ja leider in sozialer Hinsicht vollständig versagt. Ich rechne auf die Technischen Hochschulen! . . ."

„Sie müssen aber Ihren Schülern die sozialen Pflichten gegen die Arbeiter klar machen und die großen allgemeinen Aufgaben nicht außer Acht lassen." Gewiß beherzigenswerte Worte des Kaisers.

Einteilung des praktischen Jahres

Schließlich ist die praktische Arbeitszeit für den jungen, von der Schulbank kommenden Mann auch in gesundheitlicher Beziehung von Vorteil; sie ist ein kleiner Militärdienst, der namentlich demjenigen zugute kommt, der später nicht zu dienen braucht. Vielfach wird vorgeschlagen, das praktische Jahr zu teilen und die eine Hälfte vor, die andere in die Studienzeit und zwar während der Ferien zu legen. Das hat gewiß Vorteile, insofern als der zweite Teil der praktischen Arbeit mit mehr Verständnis geleistet wird, wenn schon einige theoretische Kenntnisse vorhanden sind. Es ist auch den süddeutschen Verhältnissen besser angepaßt, da hier die Reifeprüfungen zu Ostern stattfinden, während die Hochschulen ihren regelmäßigen Studiengang ein halbes Jahr später, im Oktober beginnen. Es bringt aber auch Nachteile mit sich, die meines Erachtens größer als die Vorteile sind. Der Studierende muß mindestens zwei Sommerferien opfern, wenn er die vorgeschriebene Gesamtzeit erreichen will. Die Ferien sollen aber zur Ausfüllung der Lücken sein, zur Fertigstellung der restierenden Zeichnungen, dann aber vor allem zur Erholung, für Wandern und Reisen, zur Erweiterung des Gesichtskreises nach anderen Richtungen, und nicht zum letzten zum Wiederanschluß des jungen Mannes an das Elterhaus. Da wird es meistens lästig empfunden, wenn sie durch erneute praktische Arbeit verkürzt oder ganz genommen werden. Andererseits fällt es dem Studierenden, der einmal die akademische Freiheit genossen hat, recht schwer, sich wieder in die Disziplin der Fabrik zu fügen; auch findet er vielfach dem Arbeiter gegenüber nicht mehr den rechten unbefangenen Ton. Aus diesen Gründen würde ich raten, wenn irgend angängig, das ganze praktische Jahr vor dem Studium zu erledigen. Der Anschluß an den schon begonnenen Hochschulstudiengang läßt sich bei einigem Fleiß leicht erreichen, besonders für die mathematisch und naturwissenschaftlich gut vorgebildeten Realgymnasiasten und Oberrealschüler. Ich möchte übrigens bei dieser Gelegenheit betonen, daß zwar Realgymnasium und Oberrealschule die beste Vorbildung für das technische Studium geben, daß aber auch der humanistische Gymnasiast nicht zu kurz kommt; nur muß er naturgemäß im Anfang etwas fleißiger als sein realer Kommilitone sein, ebenso wie für manches Universitätsstudium beispielsweise der Oberrealschüler Privatstudien im Latein oder Griechisch treiben muß.

Unterkommen in einer Fabrik

Schwierigkeit bietet für den Praktikanten häufig das Unterkommen in einer Fabrik. Der Deutsche Ausschuß für Technisches Schulwesen hat eine Liste derjenigen Fabriken aufgestellt, welche bereit sind, Praktikanten auszubilden; sie wird Interessenten zur Verfügung gestellt. Auch die hiesige Geschäftsstelle des Verbandes Deutscher Diplom-Ingenieure ist gern bei der Unterbringung behilflich. Am besten ist eine moderne Maschinenfabrik mittleren Umfanges geeignet; in der großen Fabrik erhält der Praktikant meistens keine Übersicht über das Ganze, während das Arbeitsfeld in einer kleinen Fabrik zu beschränkt ist. Eisenbahnreparaturwerkstätten werden vielfach nicht für diesen Zweck empfohlen, da in ihnen als staatlichen Betrieben leider noch nicht überall in dem modernen wirtschaftlichen Sinne gearbeitet wird, der für die im Konkurrenzkampfe stehende Privatindustrie unbedingt erforderlich ist. Auch für den zukünftigen Staatsbeamten ist heute die Ausbildung bei der Eisenbahn nicht mehr vorgeschrieben; er kann auch in der Privatindustrie praktisch arbeiten. In vielen Fabriken muß ein Lehrgeld, durchschnittlich von 300 Mark für das Jahr gezahlt werden; manche nehmen den Praktikanten unentgeltlich auf, andere zahlen sogar einen geringen Wochenlohn als Ansporn, was sehr zu begrüßen ist. Der zukünftige Schiffsbauer hat auf einer Werft praktisch zu arbeiten, der Bergbaubeflissene auf einer Zeche.

Wir kommen jetzt zum eigentlichen Studium. Es dauert in allen Abteilungen normalerweise 8 Semester, und zwar 4 bis zur Vorprüfung und weitere 4 bis zur Hauptprüfung. Für jede Prüfung sind eine bestimmte Zahl Studienzeichnungen und Studienarbeiten (meistens aus den Laboratorien) einzureichen. Die Prüfungen selbst sind teils schriftlich als Klausur, teils mündlich, vielfach in Pflicht- und Wahlfächer eingeteilt. Für die Diplom-Hauptprüfung ist außerdem die Einreichung einer wissenschaftlich-praktischen Diplom-Arbeit Bedingung, für welche etwa 3 Monate Zeit gegeben wird. Ist die Hauptprüfung bestanden, so wird dem Kandidaten der akademische Grad „Diplom-Ingenieur" erteilt, der wie der an den Universitäten erworbene Titel „Doktor" als akademischer Titel vor dem Namen in der abgekürzten Schreibweise „Dipl.-Ing." zu führen ist. Dieser Grad ist für alle Fakultäten der gleiche, also auch für den Architekten und den Chemiker; die früher von dem zukünftigen Staatsbeamten abzulegende Bauführerprüfung ist fortgefallen und durch die Diplomhauptprüfung ersetzt. Der Titel „Dipl.-Ing." ist aber gleichzeitig auch Standesbezeichnung aller akademisch gebildeten Techniker und ist stets zu führen unabhängig davon, ob noch weitere Titel oder Amtsbezeichnungen erworben werden. Die Prüfungsgebühr beträgt für das Vorexamen 50 Mark, für das Hauptexamen 100 Mark. Nach Einreichung einer weiteren wissenschaftlichen Arbeit und Ablegung einer, sich auf das in dieser Arbeit behandelte Gebiet beziehenden Prüfung kann der akademische Grad eines „Doktor-Ingenieurs" erlangt werden, eine Einrichtung, von der noch verhältnismäßig wenig Gebrauch gemacht wird, da Zeit und Geld meistens durch das lange Studium aufgebraucht sind und später in der Praxis sich nur selten Gelegenheit zur Anstellung der für die Doktorarbeit erforderlichen Unter-

Dauer des Studiums

Prüfungen

Dipl.-Ing.

Dr.-Ing.

suchungen findet. Wem jedoch die Verhältnisse es gestatten, dem ist die Ablegung dieser dritten Prüfung in jedem Falle zu raten.

Fleiß und Ausdauer

Eines sei noch aufs nachdrücklichste betont. Das Studium auf der Technischen Hochschule erfordert Fleiß, sehr großen Fleiß, soll es erfolgreich sein. Gebummelt kann nicht werden, denn abgesehen von den vielen für die Prüfungen unerläßlichen Zeichen- und Laboratoriumsarbeiten bauen die einzelnen Vorlesungen so aufeinander auf, daß die folgenden ohne die vorhergehenden nicht verstanden werden können. Mehrsemestriges Bummeln und dann ein Einpauken zum Examen durch einen Repetitor, wie dies anderwärts vorkommt, ist beim technischen Studium vollständig ausgeschlossen. Darum prüfe sich ein jeder ernstlich, ob er auch genügend Fleiß und Ausdauer mitbringt! Sonst wähle er lieber ein leichteres Studium.

Kosten des Studiums

Noch ein Wort über die Kosten des Studiums. Für das praktische Jahr vor dem Studium, das der Maschinenbauer, Elektriker, Schiffsbauer, Schiffsmaschinenbauer und Bergmann absolvieren muß, sind bis zu 300 Mark zu zahlen. An Kolleggeldern kann man für jedes Semester etwa 150—200 Mark rechnen, dazu noch für Zeichenmaterialien, Hefte, Bücher usw. 25—50 Mark pro Semester. Dann kommen die Examenskosten mit 150 Mark; das sind zusammen in fünf Jahren, die genannten Höchstbeträge gerechnet, 2450 Mark.

Die Kosten des Lebensunterhaltes, also Wohnung, Verpflegung, Wäsche, Kleidung, Taschengeld, Aktivsein, Reisen und Wandern usw. hängen natürlich sehr von den Bedürfnissen des einzelnen ab. Der eine kommt mit einem Monatswechsel von 100 Mark aus, während dem andern 200 Mark zu wenig sind. Nimmt man das Mittel mit 150 Mark und rechnet pro Jahr 4 im Elternhause verlebte Monate ab, stellt dann auch den Lebensunterhalt während des praktischen Jahres nicht in Rechnung, da es gewöhnlich in der Vaterstadt verbracht wird, so ergibt sich für vier Studienjahre ein Betrag von 4800 Mark, wozu die obengenannten Studienkosten (2450 Mark) kommen. Das gibt zusammen 7250 Mark oder rund 7500 Mark. Man wird gut tun, von vornherein mit 8000 bis 10 000 Mark zu rechnen, um keinen Überraschungen ausgesetzt zu sein. Auch das eventuelle Militärjahr ist noch in Rechnung zu stellen.

Technische Berufe

Habe ich so über die Voraussetzungen des Studiums, über die praktische Arbeit und über das Studium selbst nebst seinen Prüfungen gesprochen, so komme ich jetzt zu den verschiedenen technischen Berufen, die der junge Diplom-Ingenieur ergreifen kann. Zunächst ist zu unterscheiden zwischen den beamteten Berufen und den Privatberufen. Der Architekt, der Bauingenieur, der Maschineningenieur, der Schiffsbauer und der Schiffsmaschinenbauer können nach bestandenem Diplom-Examen in den Staatsdienst treten. Sie werden zunächst als Regierungsbauführer in staatlichen Betrieben beschäftigt und machen in verschiedenen Ressorts eine zwei- bis dreijährige Ausbildungszeit durch, die teilweise auch bei einer Stadtverwaltung oder in einem Privatbetriebe zurückgelegt werden kann. In dieser Zeit wird natürlich vom Staate keinerlei Vergütung bezahlt, so daß die Staatskarriere nur demjenigen zu empfehlen ist, der nach Verlassen der Hochschule noch mehrere Jahre hindurch aus eigener, oder richtiger gesagt, aus Vaters Tasche leben kann. Nach dieser Ausbildungszeit hat dann der Regierungsbauführer eine Staatsprüfung abzulegen, auf Grund welcher er zum Regierungsbaumeister, Marinebaumeister oder Militärbaumeister ernannt wird. Erst jetzt kann er beim Staate Anstellung finden, die jedoch in den meisten Fällen auch nicht sofort erfolgt, so daß viele Regierungsbaumeister gezwungen sind, sich anderweit ein Unterkommen zu suchen. Bereits bei der Aufnahme zur Ausbildung hat der junge Regierungsbauführer einen Revers zu unterschreiben, daß er aus der Ausbildung und dem Examen keinen Rechtsanspruch herleitet. So werden beispielsweise in Preußen fünfmal mehr Regierungsbaumeister ausgebildet, als nachher angestellt werden. Der angestellte Regierungsbaumeister erhält durchschnittlich 300 Mark Monatsgehalt; er wird nach etwa 20 jähriger Dienstzeit zum Regierungs- und Baurat, später zum Geheimen Baurat ernannt. Er ist wie jeder Beamte pensionsberechtigt.

Staatsdienst

Ich nannte vorhin die Marinebaumeister. Das sind diejenigen Baumeister, welche auf den Schiffswerften, den Schiffsbauanstalten tätig sind, nicht etwa, wie manchmal geglaubt wird, die auf den Schiffen tätigen Marine-Ingenieure. Diese sind keine akademisch gebildeten Ingenieure, sondern erhalten ihre Ausbildung auf mittleren Fachschulen und sind Beamte, die zwar im Offizersrange stehen, gesellschaftlich aber den Offizieren nachgestellt sind. Schon aus diesem Grunde ist natürlich diese Laufbahn nichts für den Diplom-Ingenieur. In Zukunft wird auch unsere Marine des akademischgebildeten Ingenieurs auf den Kriegsschiffen nicht entbehren können; sie muß ihm dann aber auch eine entsprechende Stellung geben. Wer heute als Abiturient Lust zur See hat, werde Marine*offizier*, aber nicht Marine*ingenieur*.

Warnung vor Marine-Ingenieur-Beruf!

Warnung vor Eisenbahn-Dipl.-Ingenieur-Beruf!

Der Staat stellt auch, entweder auf Privatvertrag oder mit Pensionsberechtigung, Diplom-Ingenieure an, welche keine Ausbildung als Regierungsbauführer durchgemacht haben und daher nicht Baumeister werden können. Vor dieser Laufbahn ist eindringlich zu warnen, denn sie eröffnet dem Diplom-Ingenieur keine Aussicht auf Weiterkommen, und er muß sich in späteren Jahren als Vorgesetzte Regierungsbaumeister gefallen lassen, die wesentlich jünger als er selbst sind; ein eines Akademikers unwürdiger Zustand. Höchstens zur Ausbildung kann eine solche Stellung für einen jungen Diplom-Ingenieur vorübergehend in Frage kommen.

Technisches Mitglied des Kaiserlichen Patentamtes

Wer neben seiner technischen Befähigung Neigung zur Rechtswissenschaft hat, kann auch die Laufbahn eines Mitgliedes des Kaiserlichen Patentamtes einschlagen. Das Patentamt ist die Behörde, bei welcher Patente, Gebrauchsmuster und Warenzeichen behufs Erlangung eines gesetzlichen Schutzes anzumelden sind; auch sind Nichtigkeitsklagen gegen Patente beim Patentamt einzulegen. Dieses Amt arbeitet also in ähnlicher Weise wie die Gerichte und zwar mit einem Beamtenapparat von etwa 1000 Personen, von denen etwa 300 Akademiker, teils Juristen teils Techniker sind. Nach einer mir vom Herrn Präsidenten des Kaiserlichen Patentamts für diesen Vortrag freundlichst zur Verfügung gestellten Übersicht über die Anstellungsbedingungen der technischen Mitglieder dürfen die Bewerber nicht unter 33 Jahre sein und müssen neben voller akademischer Ausbildung und Kenntnissen der französischen und englischen Sprache eine mehrjährige Praxis nachweisen, möglichst auch die Regierungsbaumeister-Prüfung abgelegt haben. Die Einberufung erfolgt zunächst als technischer Hilfsreferent, später erfolgt die Anstellung als „Kaiserlicher Regierungsrat" mit einem Anfangsgehalt von 4500 Mark jährlich nebst 1300 Mark Wohnungsgeldzuschuß. Das Höchstgehalt steigt bis 8100 Mark, jedoch sind einzelne noch höher dotierte Stellen vorhanden. „Zurzeit übersteigt", wie der Herr Präsident schreibt, „das Angebot von Bewerbern den Bedarf erheblich. Einberufungen von neuen Kräften haben seit einiger Zeit nicht mehr stattgefunden. Ob in Zukunft eine Änderung zu erwarten ist, läßt sich vorläufig auch nicht annähernd übersehen." Auf die Überfüllung der verschiedenen Berufe komme ich nachher noch zurück.

Gewerbe-Inspektor

Eine staatliche Laufbahn, für welche gleichfalls Rechtskenntnisse erforderlich sind, ist auch die des Gewerbe-Aufsichts-Beamten. Die Gewerbe-Inspektion hat die Aufgabe, ständig die gewerblichen Betriebe auf Innehaltung der gesetzlichen Vorschriften über Unfallverhütung usw. zu überwachen. Die Diplom-Prüfung muß im Maschinenbau oder in der Chemie bezw. Hüttenkunde abgelegt sein. Ihr folgt eine Ausbildungszeit von 1½ Jahren als Gewerbereferendar bei einer oder mehreren Gewerbe-Inspektionen, worauf ein dreisemestriges Studium der Rechts- und Staatswissenschaften zu erfolgen hat. Dann ist eine Prüfung abzulegen, nach deren Bestehen der bisher unbesoldete Referendar zum Gewerbeassesor ernannt wird. Der Gewerbeassessor erhält etwa 3000—4000 Mark Jahresgehalt, muß aber zurzeit etwa 6—8 Jahre warten, ehe er Gewerbeinspektor wird. Später kann er zum Gewerberat ernannt werden. Die Karriere wird als gut empfohlen, zumal zurzeit ein Mangel an Nachwuchs ist. Allerdings dauert die unbesoldete Ausbildungszeit etwas lange; dafür ist aber später die Stellung des Gewerbeinspektors eine sehr angenehme und interessante; er kommt in vielen Fabriken herum, bekommt also viel zu sehen und hat verhältnismäßig wenig Bureaudienst.

Dampfkessel-Revisions-Ingenieur

Eine halbamtliche Stellung, die bezüglich der Tätigkeit mit der des Gewerbeinspektors eine gewisse Ähnlichkeit hat, ist die des Dampfkessel-Revisions-Ingenieurs. Diese Herren werden von den aus der Industrie gebildeten Dampfkesselüberwachungsvereinen angestellt, unterstehen jedoch in Preußen dem Minister für Handel und Gewerbe. Sie haben die neu aufzustellenden Dampfkessel zu prüfen und die im Betrieb befindlichen zu überwachen; ebenso Azetylen-Anlagen, Aufzüge und Kraftfahrzeuge. Verlangt wird eine mindestens zweijährige Tätigkeit in einer Dampfkesselfabrik und eine dreimonatige Probezeit. Gehalt 3000—7000 Mark. Es werden nur Diplom-Ingenieure eingestellt, die vollständig gesund und kräftig genug sind, denn die körperliche Anstrengung des Befahrens des Kesselinneren Tag für Tag ist sehr groß. Die Vereine haben meistens Pensionskassen.

Kommunaldienst

Eine weitere beamtete Laufbahn ist die bei den Stadtverwaltungen. Die Verwaltung einer Stadt, insbesondere einer Großstadt, ist ein sehr kompliziertes Getriebe, in welchem die Technik eine bedeutende, mit jedem Jahre sich vergrößernde Rolle spielt. Die Stadt braucht Architekten für den Entwurf ihrer Bauten, für die Ausübung der Baupolizei, sie braucht Bauingenieure für Brücken- und Straßenbau, für Häfen, Rohrnetze, Wasserwerke und Abwassereinrichtungen, sie braucht Maschinen- und Elektroingenieure für Pumpwerke, Müllverbrennungsanlagen, Elektrizitätswerke usw. Das Anfangsgehalt für einen Diplom-Ingenieur, der noch keine Praxis aufzuweisen hat, beträgt durchschnittlich etwa 150 Mark pro Monat.

Warnung! Allerdings besteht bei vielen Städten noch das sogenannte Regierungsbaumeister-Prinzip, d. h. die leitenden Stellen werden größtenteils durch ehemalige Staatsbeamte besetzt. Dieses ganz unberechtigte Prinzip ist aber bereits an verschiedenen Stellen durchbrochen, unter anderem in Düsseldorf, und es steht zu hoffen, daß es ganz aufgehoben wird, damit auch für diejenigen Akademiker, die früher nicht im Staatsdienst waren, die Bahn nach oben frei ist. Sollte dies in absehbarer Zeit nicht geschehen, so müßte man allerdings den Diplom-Ingenieur, der nicht Baumeister ist, warnen, zur Kommunal-Verwaltung zu gehen.

Feuerwehr-Offizier Ein für viele sehr reizvoller Beruf bei der Stadt ist auch der des Feuerwehr-Offiziers. Da die Feuerwehr immer kompliziertere technische Geräte, wie Autospritzen, mechanische Leitern usw. einführt und andererseits auch die Aufgabe hat, durch vorbeugende Maßregeln die Feuersgefahr in den Städten zu verringern, so werden in neuerer Zeit von vielen Städten nur noch Diplom-Ingenieure als Feuerwehr-Offiziere eingestellt. Sie müssen Reserveoffizier sein und zunächst bei drei verschiedenen Feuerwehren eine Volontärzeit von je drei Monaten durchmachen, nach deren Ablauf sie, wenn Bedarf vorhanden ist, als Brandmeister angestellt werden. Die Brandmeister werden verhältnismäßig gut bezahlt, so beispielsweise zurzeit in Frankfurt mit 3500—5800 Mark pro Jahr, in Hannover mit 3400—4900 Mark, in Berlin mit 4700—6500 Mark, in Hamburg sogar mit 5000—9000 Mark; daneben erhalten sie freie Wohnung, Heizung und Beleuchtung. Sie können später zum Branddirektor mit höherem Gehalt aufrücken. Die Zahl der in Frage kommenden Stellen ist naturgemäß nicht groß, etwa 200, da es nur 70 Berufsfeuerwehren in Deutschland gibt. Zurzeit soll jedoch kein sehr großes Angebot vorliegen.

Der Beruf des Feuerwehroffiziers ist jedenfalls ein sehr interessanter und dankbarer, und erfreut sich auch bei Jung und Alt großen Ansehens; die Feuerwehr wird ja als „Mädchen für alles" in der modernen Stadt überall gerufen, wo Gefahr droht, und sie ist eine allzeit bereitwillige Helferin.

Bibliothekar Von den beamteten Berufen wären noch der des Bibliothekars und der Lehrberuf zu erwähnen. Nachdem Prof. Dipl.-Ing. Matschoß, der bekannte Historiker der Dampfmaschine, darauf hingewiesen hatte,*) welche armselige Stellung die Technik in den deut-

*) vgl. Technik u. Wirtschaft 1911 S. 289. Siehe auch den Aufsatz: „Techniker als Bibliothekare" von Prof. Dr. H. Simon. Z. Verb. D. Dipl.-Ing. 1910 S. 375.

schen Bibliotheken einnimmt — er zeigte beispielsweise, daß auf der Königlichen Bibliothek in Berlin die Literatur über Automobile und über Luftschiffe unter Spielzeuge katalogisiert war! — hat auf eine Eingabe des Verbandes Deutscher Diplom-Ingenieure der preußische Minister der geistlichen und Unterrichts-Angelegenheiten am 13. Januar 1912 einen Erlaß betreffend die Befähigung zum wissenschaftlichen Bibliotheksdienst herausgegeben (s. Zeitschr. d. Verbandes D. Diplom-Ingenieure 1912 S. 125), gemäß welchem auch Diplom-Ingenieure zum Bibliothekar-Beruf zugelassen werden. Nach einer Volontärzeit in einer Bibliothek muß eine bibliothekarische Fachprüfung abgelegt werden. Es gehört allerdings eine eigene Veranlagung zum Bibliothekar, wenn auch heute dieser nicht mehr der pedantische Gelehrte, der „Kustos" seiner Bücher ist, sondern mehr nach amerikanischem Muster ein organisatorisch arbeitender Geschäftsmann, der nicht darauf bedacht ist, seine Schätze ängstlich zu hüten, sondern überall Gelegenheit sucht, sie wie eine Ware an den Mann zu bringen. Die technischen Bibliothekare werden wohl in erster Linie für die umfangreichen Bibliotheken der Technischen Hochschulen in Frage kommen, obwohl auch in mancher anderen Bibliothek, wie das Beispiel der Königlichen zeigt, ein Techniker sehr not tut. Allerdings sind nur sehr wenig Stellen vorhanden und die Assistenten müssen nach mir gewordener Auskunft viele Jahre bei geringem Gehalt auf eine freiwerdende Bibliothekarstelle warten.

Hochschulprofessor

Wer pädagogische Begabung in sich fühlt, kann ins Lehrfach gehen. Der Beruf des Hochschulprofessors ist der angenehmste und angesehenste. An ihn werden natürlich in wissenschaftlicher Hinsicht die höchsten Anforderungen gestellt und es dauert häufig viele Jahre, bis ein Privatdozent eine Professur erhält. Vielfach werden auch Ingenieure, die sich durch wissenschaftliche Arbeiten bekannt gemacht haben, aus der Praxis heraus an die Hochschule berufen.

Oberlehrer an Fachschulen

Ein anderer Lehrberuf ist der des Oberlehrers an einer mittleren technischen Fachschule. Es kommen hier die Maschinenbauschulen, die höheren Maschinenbauschulen und die Baugewerkschulen in Betracht. Der Diplom-Ingenieur, der an diese Anstalten als Lehrer gehen will, muß nach bestandenem Examen mindestens eine dreijährige Praxis in der Industrie oder beim Staat aufweisen. Er wird dann mit 3000 Mark angestellt und kann nach zweijähriger Lehrtätigkeit zum Oberlehrer ernannt werden mit definitiver Anstellung und einem Gehalt von 3000 Mark plus Wohnungsgeldzuschuß; das Gehalt steigt bis 7200 Mark. Nach etwa 12 Jahren erfolgt Verleihung des Titels Professor. Hervorragend tüchtige Herren rücken auch in Direktorstellen auf. Die Berufsaussichten sind zurzeit nicht sehr gut; es werden pro Jahr in Preußen bei den Maschinenbauschulen etwa 3—5 Herren eingestellt. Der Beruf ist insofern ein angenehmer, als er schon durch die vielen Ferien Zeit zu Privatstudien läßt, die dem in der Industriepraxis stehenden überstark beschäftigten Ingenieur kaum zur Verfügung steht. Es gibt dann noch eine Reihe von städtischen und Privattechniken, an denen der akademische Ingenieur auch Lehrstellen annehmen kann. Unter den Privatanstalten finden sich aber viele recht zweifelhaften Charakters, so daß Vorsicht geboten ist.

Warnung!

Privat-industrie

Die weitaus größte Zahl der Diplom-Ingenieure geht in die Privatindustrie. Hier bietet sich das weiteste und verschiedenartigste Feld zur Betätigung, wo der einzelne seine Befähigung und Kenntnisse erweisen kann und wo das Vorwärtskommen nicht, wie bei den beamteten Berufen, im wesentlichen vom Dienstalter, sondern in erster Linie von den Leistungen abhängig ist. Hier ist Anspannung aller Kräfte die Parole, denn die Privatindustrie steht in scharfem Konkurrenzkampfe, in welchem jeder unterliegt, der nicht den Fortschritt der Technik mitmacht. Während für den Beamten die Vor- und Ausbildung genau vorgeschrieben ist, hat die Privatindustrie bis vor nicht allzu langer Zeit sich wenig darum gekümmert und einen Jeden genommen, von dem sie annehmen konnte, daß er das Verlangte zu leisten imstande ist. Daher hatte der Akademiker in jeder Stellung, bis hinauf zur höchsten, als gleichberechtigten Konkurrenten auch den anders vorgebildeten Techniker, ja manchmal sogar vollständige Autodidakten, wobei auch das Protektionswesen eine große Rolle spielte. Allmählich ist dies jedoch anders geworden und ändert sich mit jedem Jahr. Allmählich hat, wie ich dies anfangs schon ausführte, auch die Privatindustrie eingesehen, daß durchschnittlich der besser vorgebildete Ingenieur auch bessere Leistungen aufzuweisen hat, und für die leitenden, d. h. verwaltenden und verantwortungsvollen Stellen nur Leute brauchbar sind, die neben einer gründlichen technischen ud wirtschaftlichen Ausbildung auch über eine gute Allgemeinbildung verfügen. Daraus ergibt sich, daß die besseren Stellen in der Industrie immer mehr mit Diplom-Ingenieuren besetzt werden, wenn auch natürlich heute dieser Idealzustand noch lange nicht erreicht ist. Allerdings muß der Diplom-Ingenieur sozusagen von der Pieke auf dienen, d. h. er wird als einfacher Konstrukteur eingestellt mit dem Mittelschultechniker auf einer Stufe, oft sogar unter ihm, und es bleibt ihm überlassen, ob er sich in die

Höhe arbeitet. Ersitzen lassen sich die höheren Stellen nicht, sie müssen durch Fleiß und Anstelligkeit erklommen werden; die akademische Abstempelung allein gibt kein Anrecht auf diese Stellen. Mancher bleibt daher in diesem Kampf ums Dasein zurück und muß sich sein Leben lang mit einer bescheidenen Stelle begnügen, wie dies auch in vielen anderen Berufen der Fall ist; dies auch schon deswegen, weil die Zahl der besseren Stellen naturgemäß nur eine verhältnismäßig geringe ist, während andererseits ein sehr zahlreicher Nachwuchs vorhanden ist.

Dies gilt für Architekten, Bauingenieure, Maschineningenieure und Elektrotechniker; nur der Chemiker macht insofern eine Ausnahme, als es nicht wissenschaftlich vorgebildete Chemiker nicht oder nur in verschwindend geringem Maße gibt, also hier nur Akademiker in Frage kommen, wodurch das kollegiale Zusammenarbeiten im selben Betrieb wesentlich angenehmer ist. Der Konkurrenzkampf unter diesen bleibt aber derselbe, denn nicht jeder kann in leitende Stellung gelangen; das Prinzip der natürlichen Auslese waltet auch hier.

Die Anfangsgehälter schwanken zwischen 150—200 Mark Mark monatlich, während die Grenzen nach oben unbeschränkt sind. Es gibt Generaldirektoren großer Aktiengesellschaften, welche 30, 50 ja bis weit über 100 000 Mark jährliches Einkommen haben. Wenn auch diese Stellen äußerst dünn gesät sind, so ist doch darin der Ansporn gegeben, das Glück zu versuchen.

Ueberfüllung?

Wie steht es nun mit der Überfüllung in der Privat-Industrie? Eine Statistik, welche eine sichere Grundlage für die Beurteilung von Angebot und Nachfrage geben könnte, gibt es zurzeit noch nicht. Der Verband Deutscher Diplom-Ingenieure, der sie mit in sein Arbeitsgebiet aufgenommen hat, mußte sie wegen anderer dringenderer Arbeiten vorläufig noch zurückstellen. Im allgemeinen ist es für den Anfänger nicht leicht, eine Stellung zu finden und er muß manchmal einige Monate opfern, bis er unterkommt. Das ist in erster Linie von der Konjunktur abhängig, die außerordentlich schwankt und in den verschiedenen Berufszweigen auch verschieden ist. Gerade jetzt

Elektrotechnik

werden z. B. in der Elektrotechnik sehr viele junge Diplom-Ingenieure verlangt, was auf die starke Arbeitsüberlastung dieser Industrie, hervorgerufen durch den allenthalben einsetzenden Bau von Überlandzentralen zurückzuführen ist. Das kann aber später wieder abflauen, wenn die in Frage kommenden Gebiete mit Stromnetzen überspannt sind. Oder man könnte dann an die Elektrisierung der Eisenbahnen gehen, durch welche die elektrische Industrie wieder überreichliche Arbeit bekäme. Kurz, es ist außerordentlich schwer, dem Abiturienten heute zu prophezeien, wie nach 4 oder 5 Jahren das Angebot von Stellen sein wird. Etwas Glück muß auch der Ingenieur, wie ein jeder andere, im Leben haben.

Spezialmaschinenbau

Ein Feld für den Diplom-Ingenieur bietet sich voraussichtlich in Zukunft auch im Spezialmaschinenbau und im Bau landwirtschaftlicher Maschinen. Nähmaschinen, Lederbearbeitungsmaschinen, Dreschmaschinen, Pflüge, Sämaschinen usw. sind bisher fast nur auf empirischer Grundlage gebaut worden, ohne viele Anwendung wissenschaftlicher Methoden. Auf die Dauer ist dies nicht mehr angängig, denn durch die starke Konkurrenz ist jede Fabrik gezwungen, die wirtschaftlichsten Konstruktionen zu ersinnen, wozu die Erfahrung allein nicht ausreicht. Wurde beispielsweise der Pflug bisher durch das Pferd gezogen, so wird er in Zukunft jedenfalls elektrisch betrieben werden. Jede Kilowattstunde muß aber bezahlt werden; man muß daher ihn so zu berechnen versuchen, daß er mit möglichst wenig Kraftaufwand möglichst viel leistet. Auch die Einführung des aus Amerika kommenden sogenannten Taylor-Systems, von dem der eine oder andere von Ihnen wohl aus den Zeitungen schon etwas erfahren hat und das eine wirtschaftlichere Ausnutzung aller Arbeitsmethoden namentlich der Handarbeit bezweckt, wird wissenschaftlich ausgebildete Ingenieure, namentlich in der Massenfabrikation, erfordern.

Chemische Industrie

In der chemischen Industrie soll, nach einer Statistik des Vereines Deutscher Chemiker, Angebot und Nachfrage zurzeit etwa gleich sein, obwohl von manchen Seiten diese Statistik angezweifelt wird. Jedenfalls wird empfohlen, daß der Chemiker nach fertigem Studium noch einige Zeit als Assistent in dem Laboratorium einer Hochschule arbeitet, ehe er in die Praxis tritt.

Selbständige Berufe

Unternehmer

Selbständige freie Berufe gibt es in der Technik nur sehr wenige. Wer nicht von seinem Vater eine Fabrik erbt, findet selten Gelegenheit, sich als Unternehmer selbständig zu machen; zum mindesten gehört sehr viel Geld dazu.

Zivil-Ingenieur

Etwas einfacher ist es schon, sich als Zivil-Ingenieur niederzulassen. Der Zivil-Ingenieur, als selbständiger Berater, macht Entwürfe, Konstruktionen, Gutachten, Abnahmeversuche, Taxationen und dergl. und zwar auf eigene Rechnung, ohne zu seinem Auftraggeber im Angestelltenverhältnis zu stehen. Leider wird von der Beratung durch den Zivil-Ingenieur in Deutschland noch nicht in dem Maße wie z. B. in England Gebrauch gemacht, so daß er meistens gezwungen ist, nebenbei noch die Vertretung einer oder mehrerer

Firmen zu übernehmen und dadurch wieder in ein gewisses Abhängigkeitsverhältnis zu treten.

Der selbständige Architekt ist auch sehr häufig Bauunternehmer, der nicht nur Entwurf und Bauleitung übernimmt, sondern auch den ganzen Bau auf eigene Rechnung herstellt und dem Bauherrn gegen eine bestimmte Summe verkauft. Hier steht er natürlich in scharfem Wettstreit mit dem Maurermeister, der oft gleichfalls als Bauunternehmer auftritt. **Beratender Architekt u. Bauunternehmer**

Hoffentlich wird der Zivil-Ingenieur-Stand in Deutschland auch bald in ähnlichem Sinne, wie es in Österreich vor kurzem geschehen ist, dahin geregelt, daß von dem das Vertrauen des Publikums beanspruchenden technischen Berater eine bestimmte Vorbildung und sonstige Qualifikation gefordert wird, was bis heute leider nicht der Fall ist.

Schließlich wäre auch noch der Beruf des Patentanwalts zu erwähnen. Der Patentanwalt nimmt seit dem Gesetz von 1900 eine dem Rechtsanwalt gleiche, sog. halbamtliche, Stellung ein. Es wird von ihm eine bestimmte Ausbildung verlangt, er wird verpflichtet und untersteht einer Ehrengerichtsbarkeit. Seine Tätigkeit erstreckt sich auf die Vertretung vor dem Kaiserlichen Patentamte in Patent-, Gebrauchsmuster- und Warenzeichensachen, er bereitet bei Verletzungs- und Feststellungsklagen vor den ordentlichen Gerichten die Schriftsätze vor und nimmt an den Terminen teil; er veranlaßt auch die Anmeldung von Patenten, Mustern und Zeichen im Auslande und ist namentlich auch gutachtlich viel tätig. Als Partei- und gerichtlicher Sachverständiger wird er oft in Patentprozessen herangezogen. Außer einer abgeschlossenen akademisch-technischen Ausbildung wird von ihm eine einjährige Tätigkeit in der Industrie sowie eine mindestens zweijährige Tätigkeit bei einem Patentanwalt oder beim Patentamte verlangt. Dann erst wird der Kandidat zur Patentanwalts-Prüfung zugelassen, die umfangreiche Rechtskenntnisse nicht nur des deutschen, sondern auch ausländischen Rechts voraussetzt und im allgemeinen recht schwer ist, zumal es dem Techniker mangels geeigneter Ausbildungsmöglichkeit nicht leicht fällt, sich in das ihm fremde Rechtsgebiet im wesentlichen durch Privatstudium einzuarbeiten. Es gibt zurzeit etwa 300 Patentanwälte in Deutschland. Für den jungen Anfänger ist es sehr schwierig, sich eine nur einigermaßen ausgiebige Praxis zu verschaffen, dies um so mehr, als er als Anwalt sich des Hilfsmittels der Reklame und sonstiger Mittel zum Werben um Praxis nicht bedienen darf. **Patentanwalt**

Verwaltungs-Ingenieur

Noch eine Laufbahn möchte ich, zum Schluß, erwähnen, die sozusagen die Hoffnung des Ingenieurs für die Zukunft darstellt, das ist die des Verwaltungsingenieurs oder Technokameralisten. Man ist sich in wirtschaftlichen und industriellen Kreisen vollständig darüber klar, daß für die verwaltende Tätigkeit, insbesondere beim Staat und den Kommunen, eine lediglich juristische oder kaufmännische Ausbildung nicht hinreichend ist, daß vielmehr bei dem fortschreitenden Einfluß, den die Technik auf unsere ganze Kultur hat, eine Durchsetzung der Verwaltung mit technischer Intelligenz unbedingt erforderlich ist. Hier ist der wirtschaftlich und technisch erzogene Beamte mit Rechts- und kaufmännischen Kenntnissen am Platze, der seine Ausbildung auf einer technischen Hochschule genossen und sich für diese Laufbahn besonders vorbereitet hat. In der Tat hat die Technische Hochschule Berlin bereits seit einigen Jahren eine besondere Abteilung mit besonderer Diplom-Prüfung für Verwaltungsingenieure errichtet, und man ist bemüht, derartig ausgebildeten Herren entsprechende Stellen nicht nur in der Industrie und bei den Kommunen, sondern auch beim Staat zu verschaffen. Das stößt natürlich beim Staat wegen der durchweg mit Juristen besetzten maßgebenden Stellen auf große Schwierigkeiten, aber das wirtschaftlich Richtige wird sich auch hier wie überall mit der Zeit zwangsläufig durchsetzen. Dabei ist aber die Frage noch sehr strittig, ob man diese Herren schon gleich in einem besonderen Studiengang technisch, juristisch und wirtschaftlich ausbilden soll, oder ob erst die Ablegung des Diplom-Examens verlangt werden soll, ehe eine speziellere juristisch-wirtschaftliche Ausbildung erfolgt. Neuerdings ist man, entsprechend dieser letzteren Ansicht, bemüht, der Allgemeinen Abteilung der Technischen Hochschule das nationalökonomische Promotionsrecht zu verschaffen (vgl. Dipl.-Ing. Dr. Lang: Die Diplom-Ingenieure und der nationalökonomische Doktorgrad Z. V. D. D. I. 1913, S.539 ff.).

Schluß

Meine Herren! Ich bin am Schluß meiner Ausführungen. Hoffentlich ist es mir gelungen, Ihnen eine, wenn auch nicht alles umfassende Uebersicht über das Studium und über die vielen verschiedenen Berufsarten in der Technik zu geben. Ich bin gern bereit, über Einzelheiten jetzt oder später Ihnen oder Ihren Eltern Auskunft zu geben bezw. Sie an Spezialfachleute zu verweisen oder diese um Rat zu fragen, wo meine Kenntnisse nicht ausreichen. Sie werden aber jedenfalls gesehen haben, daß für alle hier behandeltn technischen Berufe ein abgeschlossenes Hochschulstudium erforderlich ist und daß für ein solches Studium neben einer zeichnerischmathematisch-naturwissenschaftlichen Veranlagung ein reges Interesse zur Sache und ein frischer Fleiß, gepaart mit einem gewissen praktischen Sinn, unumgängliche Voraussetzungen sind.

Wer von Ihnen in die Technik gehen will, lediglich um überhaupt zu studieren oder weil er sich goldene Berge erträumt, der gebe zweckmäßig sein Vorhaben auf und wähle einen anderen Beruf. Wer aber sich im Besitz der obengenannten Voraussetzungen glaubt und über die Mittel zum Studium verfügt, der gehe getrost auf die Hochschule und versuche in dem Fach, das ihm besonders zusagt, sein Glück. Wenn ich Ihnen auch sagen mußte, daß in fast allen technischen Berufen eine Überfüllung herrscht, genau so wie dies in anderen Berufen auch ist, so ist mir doch andererseits kein einziger Fall vorgekommen, wo ein tüchtiger Techniker mit umfangreichen Kenntnissen nicht sein Brot gefunden hätte und nicht vorwärts gekommen wäre.

Technik braucht ganze Männer!

Das aber will ich auch am Schluß nochmals ausdrücklich betonen, daß die Technik g a n z e Männer braucht, nicht nur mit umfassenden allgemeinen und Fachkenntnissen, sondern auch mit Charaktereigenschaften, mit Persönlichkeitswerten, die dem Einzelnen die Bahn nach oben frei machen, die Bewertung des Technikers in den Augen der Allgemeinheit heben helfen, der deutschen Volkswirtschaft zur Förderung und der gesamten Kultur der Menschheit zum Segen gereichen. Möge auch der junge aufstrebende Nachwuchs diese Persönlichkeitswerte mit ins Leben bringen, mögen auch unsere trefflichen Schulen stets fortfahren, Entwickler und Pfleger dieser Werte zu sein. Das ist der Wunsch, mit dem ich schließe!

★

Druck von Rosenthal & Co.
Berlin NW., Alt Moabit 105.